AF472858

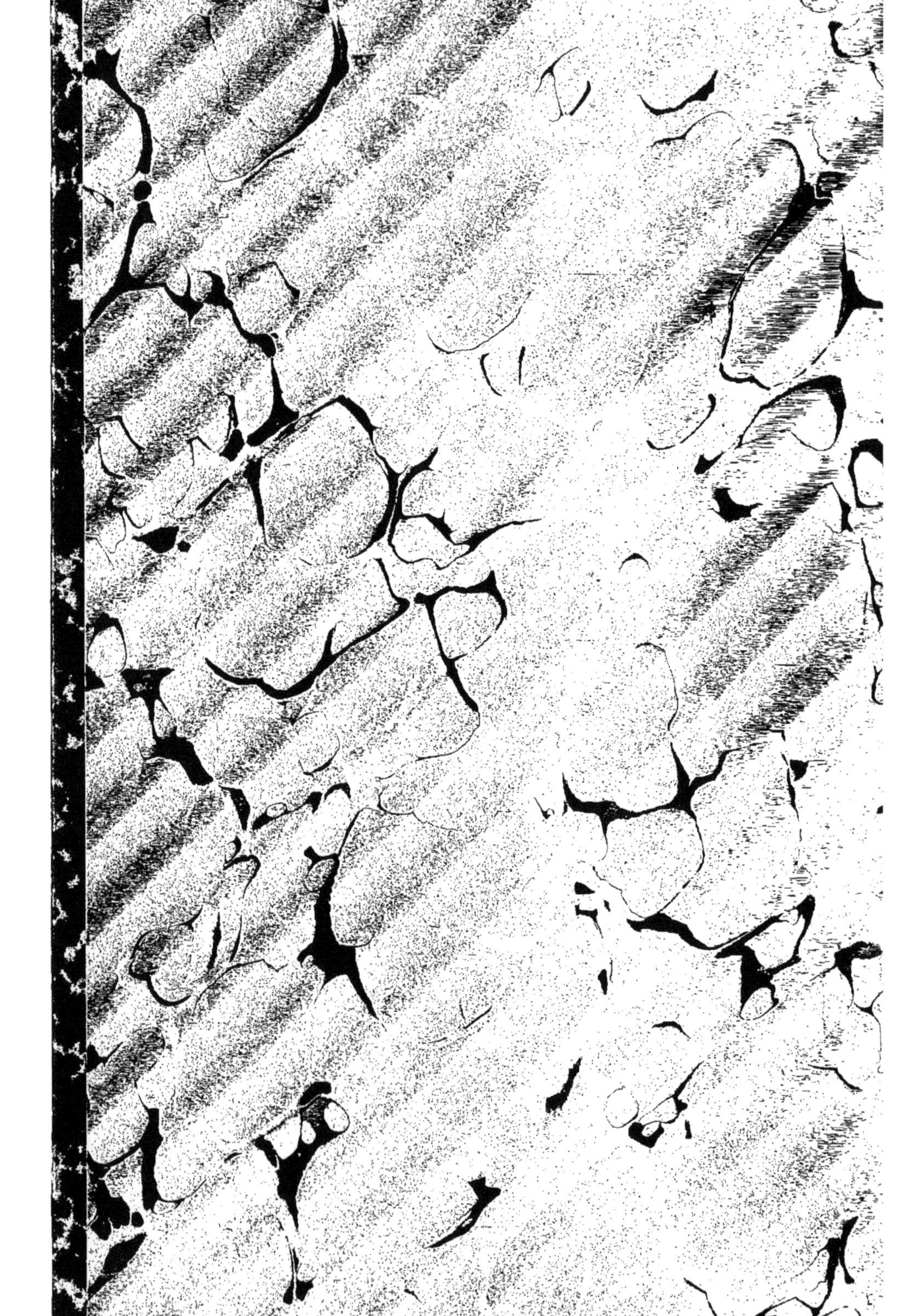

TRAITÉ

DU

LEVÉ, RAPPORT & CALCUL
DES PLANS

D'après la Méthode employée par les Agents des Contributions directes et du Cadastre

Accompagné de tous les Modèles de productions d'arpentage exigées pour l'examen des Surnuméraires et des Aspirants

DANS L'ADMINISTRATION DES CONTRIBUTIONS DIRECTES

ET SUIVI D'UN

EXPOSÉ DES DIVERSES MÉTHODES

Demandées à l'examen oral

PAR

V. BELUET

Contrôleur des Contributions directes

LIBRAIRIE LEFEUVRE, A DOL

(ILLE-ET-VILAINE)

TRAITÉ

DU

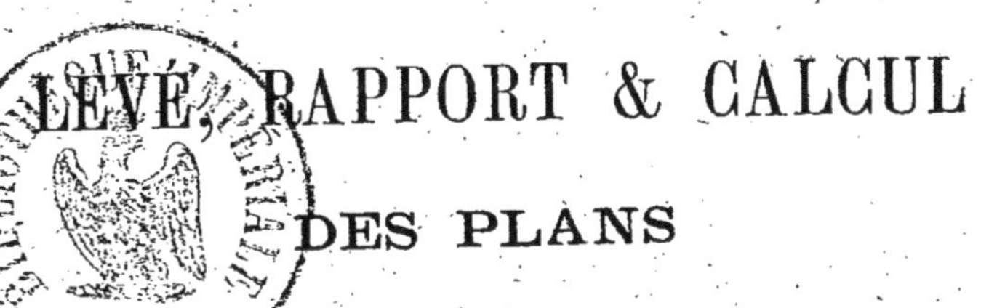

LEVÉ, RAPPORT & CALCUL

DES PLANS

D'après la Méthode employée par les Agents des Contributions directes et du Cadastre

Accompagné de tous les Modèles de productions d'arpentage exigées pour l'examen des Surnuméraires et des Aspirants

DANS L'ADMINISTRATION DES CONTRIBUTIONS DIRECTES

ET SUIVI D'UN

EXPOSÉ DES DIVERSES MÉTHODES

Demandées à l'examen oral

PAR

V. BELUET

Contrôleur des Contributions directes

LIBRAIRIE LEFEUVRE, A DOL

(ILLE-ET-VILAINE)

AVERTISSEMENT

Les jeunes gens qui se destinent à la carrière des Contributions directes sont d'abord rebutés par une première besogne, la confection d'un plan de 50 hectares. Peu d'ouvrages donnent la méthode exigée et aucun ne contient les modèles nécessaires aux aspirants. Il arrive très-souvent que ceux-ci n'ont étudié, avec des arpenteurs, que la méthode du levé à l'équerre, et cette lacune, dans leur instruction, peut devenir pour eux une cause d'échec.

C'est le souvenir des difficultés que j'ai moi-même éprouvées qui m'a inspiré l'idée de composer un traité de la méthode des alignements.

Ce petit ouvrage est accompagné d'un modèle de toutes les productions d'arpentage exigées des surnuméraires et des candidats : plan rapporté, canevas trigonométrique et cahier des calculs ; il est en outre suivi d'un exposé de toutes les méthodes sur lesquelles les surnuméraires et les aspirants ont à subir un examen oral.

I. — LEVÉ DES PLANS

Instruments, leur usage.

1. — *Lever un plan*, c'est tracer sur le papier la figure d'un terrain avec tous ses détails, en réduisant ses proportions; c'est-à-dire, en conservant l'égalité des angles et la proportionnalité des côtés.

2. — Les instruments nécessaires pour lever un plan sont : *la chaîne d'arpenteur, l'équerre d'arpenteur* et *le graphomètre.*

3. — CHAINE D'ARPENTEUR. — La chaîne d'arpenteur sert à mesurer les lignes tracées sur le terrain; elle a 10 mètres de longueur. Elle est formée de 50 morceaux de gros fil de fer de 2 décimètres de longueur, réunis par de petits anneaux de fer; de mètre en mètre, l'anneau est en cuivre. Le milieu de la chaîne se distingue par un morceau de fil de fer, qui y est suspendu; chaque extrémité est terminée par une poignée.

4. — La chaîne est accompagnée de 10 *fiches* ou piquets en fil de fer, d'environ 30 centimètres de hauteur; les fiches sont terminées en pointe par le côté destiné à entrer en terre, l'autre extrémité est terminée par un anneau où l'on peut mettre le doigt.

5. — Avant de mesurer une ligne, il faut la *jalonner*. Un *jalon* est un piquet en bois de 1 mètre et demi de hauteur, surmonté d'un carré de papier blanc, servant à le rendre visible à d'assez grandes distances.

6. — Pour jalonner une ligne AB (figure 1), on fixe un jalon à chacune des extrémités A et B et à divers points intermédiaires C D, distants les uns des autres d'environ 40 mètres, de telle manière que les points A, B, C, soient en ligne droite, ce qui a lieu quand tous les jalons se confondent en visant dans la direction AB.

7. — Il est facile d'obtenir ce résultat, si le point A est visible du point B; on se place, à cet effet, en arrière, à quelques mètres du jalon fixé en B et on vise suivant la ligne BA. Pendant ce temps, on fait planter à l'aide un jalon en C dans la direction visée.

8. — Si, du jalon B, on ne peut apercevoir le jalon A, il faut se placer entre A et B, en un lieu d'où on puisse les distinguer facilement; on fixe l'équerre d'arpenteur (11) en ce point, et, par l'une des fentes, on vise le jalon A; si, en visant par la fente opposée, sans faire tourner l'équerre, on aperçoit le jalon B, l'équerre se trouve dans la direction AB; si l'on n'aperçoit pas ce dernier jalon, il faut placer l'équerre dans un autre endroit et tâtonner jusqu'à ce que l'on soit arrivé sur un point de la ligne AB; on fait vite cette opération avec un peu d'habitude.

9. — Pour mesurer la ligne jalonnée AB (fig. 1), je prends l'une des poignées de la chaîne et la maintiens à l'extrémité A; le porte-chaîne prend, dans la main gauche, 9 fiches; de la droite, il prend la dixième fiche et l'autre poignée de la chaîne. Il marche dans la direction AB, visant devant lui la ligne de jalons, jusqu'à ce qu'il éprouve une résistance; il tend suffisamment la chaîne, enfonce une fiche bien verticalement pour en marquer l'extrémité et continue son chemin dans l'alignement sans détourner la tête. Au bout de 10 mètres, j'arrive à cette première fiche; j'y maintiens, comme à l'extrémité A, la poignée de la chaîne, et l'aide plante la deuxième fiche. Immédiatement après, j'enlève la pemière fiche que je place dans ma main gauche. Le porte-chaîne plante la 3e, la 4e et la 5e fiche, jusqu'à ce qu'il ait épuisé les dix fiches que j'ai enlevées successivement. Je compte alors les dix fiches, je les remets de nouveau à l'aide et j'inscris, sur mon carnet, une distance de 100 mètres.

10. — J'ai cru devoir insister sur ces détails, qui sont utiles pour la bonne exécution et la rapidité de l'opération.

11. — Équerre d'arpenteur. — L'équerre d'arpenteur est un prisme régulier octogonal ou à huit faces égales. Chaque face est ouverte par une fente verticale terminée par une fenêtre alternativement rectangulaire et ronde; les fentes, terminées par des fenêtres de même espèce, indiquent les quatre directions qui se coupent à angles droits. L'équerre est terminée par une douille qui s'enfonce dans un bâton ferré, dit *bâton d'arpenteur.*

12. — L'équerre sert à tracer des perpendiculaires sur une ligne, d'un point donné sur la ligne même ou d'un point donné en dehors.

13. — Pour élever une perpendiculaire au point C pris sur la ligne AB (fig. 2), on fixe l'équerre en C; on s'aligne sur la droite AB, et on s'assure que, par les pinnules, on découvre les jalons plantés en A et B. Dans cette position, il ne reste plus qu'à faire planter un jalon en D dans la direction donnée par les pinnules à angle droit (11).

13. — Pour abaisser une perpendiculaire sur la ligne AB (fig. 2), d'un point D pris en dehors, on porte l'équerre sur un point de la droite AB que l'on suppose être le pied de la perpendiculaire, et de ce point on élève une perpendiculaire sur AB, par la méthode qui vient d'être indiquée. Si cette perpendiculaire ne passe pas par le point D, il faut avancer ou reculer l'équerre sur la ligne AB, et tâtonner jusqu'à ce que l'on tombe sur le point C, pied de la perpendiculaire passant par D; on y arrive rapidement avec un peu d'exercice.

14. — Graphomètre. — Le graphomètre sert à la mesure des angles; cet instrument est formé d'un demi-cercle en cuivre dont le limbe ou bord est divisé en 180 degrés; le diamètre du cercle supporte deux alidades, l'une immobile AB, l'autre CD, mobile autour du centre O (fig. 3); les alidades sont terminées par des pinnules verticales servant à viser les jalons. Au milieu du graphomètre se trouve une boussole qui sert à orienter le plan, c'est-à-dire à faire connaître sa position par rapport à la ligne nord-sud (38).

15. — Pour mesurer un angle BAC (fig. 4), on fixe le graphomètre au sommet A, de manière que le centre O soit sur la même ligne verticale que ce point, et par l'alidade immobile, on vise le point B. On fait ensuite tourner l'alidade mobile jusqu'à ce que l'on aperçoive le jalon C par les pinnules; l'angle AOD formé sur le graphomètre est égal à l'angle BAC du terrain. Un vernier adapté au graphomètre donne la mesure en minutes et secondes ou tout au moins en minutes.

Méthode des alignements.

16. — La méthode employée pour le levé des plans dans le cadastre et exigée des agents des Contributions directes, est celle dite *des alignements;* elle est ainsi appelée, parce que la figure du terrain s'obtient par une suite d'alignements. On ne s'y sert presqu'exclusivement que de la chaîne d'arpenteur.

17. — Principe de la méthode des alignements. — Soit à lever le plan des parcelles ABEF, BFCG et CGDH (fig. 5). On commence par déterminer la position des lignes AD et EH; pour cela, on jalonne les lignes AD, DH, HE, EA, ainsi que la diagonale AH (6), et on les mesure (9); ces lignes ne sont autre chose que les trois côtés des triangles AEH, ADH. La longueur des côtés étant connue, les triangles sont déterminés; on peut les construire sur le papier et on obtient dès lors les positions respectives des lignes AD et EH. On mesure, à partir du point A, les distances AB, AC, AD, et à partir du point E, les distances EF, EG. EH. On n'a plus qu'à joindre les points AE, BF, CG, DH, pour obtenir la figure des trois parcelles ABEF, BFCG et CGDH.

18. — Dans la méthode des alignements, on commence toujours par envelopper le terrain dans un réseau de triangles;

deux triangles seulement, AEH, ADH (fig. 5), suffisent le plus souvent pour un plan de 50 hectares. Ces triangles réunis forment un *quadrilatère;* les lignes AE, EH, AD, DH sont appelées *lignes principales*, la ligne AH est la *diagonale.* Cette opération se nomme *triangulation.*

19. — Pour vérifier la triangulation, on mesure les angles de chaque triangle avec le graphomètre (15); on mesure, d'un autre côté, ces mêmes angles, au moyen des trois côtés des triangles (voir le cahier de calcul); les résultats de ces deux opérations doivent être identiques.

20. — Il est essentiel que la mesure des lignes principales soit faite avec une exactitude rigoureuse, car la triangulation est l'échafaudage du plan; on ne peut errer quand elle est bien exécutée. On doit donc faire le mesurage des lignes principales et de la diagonale au moins deux fois en sens contraire.

21. — Tel est le principe bien simple sur lequel repose toute la méthode des alignements; on détermine la direction des têtes de parcelles, on fixe sur deux directions opposées les limites de ces parcelles et on joint entre eux les points correspondants.

22. — On voit, par cet exemple, que cette méthode serait trop longue pour lever quelques parcelles isolées; on ne s'en sert, en effet, que pour lever un ensemble de parcelles d'une certaine superficie, et on obtient alors des résultats plus rapides et plus exacts que par tout autre procédé.

Levé d'un ensemble de parcelles.

23. — *1° Tracé du croquis.* — Soit à lever le plan de l'ensemble des parcelles comprises dans la figure 6. On commence par dresser un *croquis* du terrain. Le croquis est la figure approximative de l'ensemble des parcelles; pour arriver à le bien dresser, il faut faire le tour du terrain à lever et le parcourir en tous sens. Chemin faisant, on examine attentivement la direction des parcelles, des chemins, des lignes de tête, etc., et on tâche d'en tracer grossièrement un premier aperçu. On fait un nouveau parcours, on corrige les parties qui paraissent défectueuses et on finit par obtenir un croquis à peu près exact. C'est un travail auquel on ne saurait donner trop de soin, car d'un bon croquis dépendent la bonne direction, la rapidité et la sûreté des autres opérations.

24. — 2° *Etude du croquis et détermination des lignes de construction.* — Le croquis terminé, on l'étudie et on cherche la manière la plus avantageuse pour lever son plan. On commence par établir sur ce croquis le quadrilatère ABCD, en ayant soin d'utiliser le plus possible les lignes principales ; ainsi, la ligne CD se confond avec une ligne de tête, les lignes AC et BD suivent les directions RC et FD, limites de parcelles. On reconnaît, en outre, qu'on arrivera à obtenir la figure de son terrain en déterminant les lignes de tête de parcelles CD, EF, EL, PQ, NG, PO, MN ; on remarque que la direction CD est donnée par une ligne principale ; en mesurant les distances CE et DF, on aura les points E et F et, par suite, la direction EF ; en mesurant CE et CR, on déterminera les points E et R et, par suite, la direction EL ; pour obtenir la direction PQ, on prolonge cette ligne jusqu'à la rencontre des lignes principales AB et CD aux points I et K, on mesure CK et AI, ce qui donne les points K et I et, par suite, la direction PQ.

25. — On voit que les points I et K ont été obtenus par l'*alignement* des points P et Q ; le nom de la méthode a été tiré de cette opération, qui se répète fréquemment.

C'est encore par alignement qu'on détermine la droite NG ; le point G s'obtient en mesurant FG, le point N en prolongeant NG jusqu'à sa rencontre avec AB au point H et en mesurant BH.

26. — La ligne de tête PO est aussi facile à déterminer ; en mesurant IP, on obtient le point P; on prolonge la droite PO jusqu'en S, où elle rencontre le prolongement de la ligne NG déjà déterminée, on mesure HS et on a ainsi le point S et, par suite, la direction PO. La direction MN s'obtient en mesurant les lignes PM et GN.

27. — Toutes les lignes de tête des parcelles étant ainsi fixées, on n'aura plus qu'à mesurer leur longueur en y cotant les limites des parcelles. En joignant les limites correspondantes sur deux lignes de tête opposées, on obtiendra la configuration des détails du terrain.

28. — Les lignes de construction EF, EL, IK, OS, PS, MN sont appelées *lignes secondaires.*

29. — 3° *Croquis définitif, triangulation.* — Cette première étude faite, il est facile de mettre à exécution sur le terrain les diverses combinaisons adoptées. On choisit une feuille de papier de grandeur convenable pour servir de croquis définitif; on y fera figurer successivement tous les détails et on y cotera toutes les mesures trouvées.

30. — On commence par jalonner les lignes principales AB, BD, DC, CA en ayant soin de placer aux extrémités A, B, C, D de forts jalons que l'on puisse facilement distinguer des autres; on jalonne également la diagonale AD.

31. — Cela fait, on mesure ces lignes deux fois en sens contraire, sans s'occuper des détails; on les fait figurer sur le croquis et on cote leurs longueurs aux extrémités A, B, C, D; on mesure également, au moyen du graphomètre, chacun des angles des triangles ACD et ABD; de la longueur des côtés des mêmes triangles, on déduit la mesure des angles, qui ne doit pas différer de celle trouvée avec le graphomètre.

32. — Dans les conditions ordinaires, pour qu'un croquis ait une clarté suffisante, il faut qu'il soit à l'échelle de 1 sur 1,000. Il est facile, avec un double décimètre, de faire figurer sur le croquis les lignes principales, en leur donnant à peu près leur longueur réelle, car chaque millimètre correspond à 1 mètre sur le terrain. On divise ensuite ces mêmes lignes en autant de parties qu'elles comprennent de centaines de mètres (fig. 7); ces divisions vont servir à placer les cotes intermédiaires à leurs distances respectives.

33. — 4° *Jalonnement des lignes secondaires.* — La triangulation achevée, on procède au jalonnement des lignes secondaires EF, EL, IK, GS, PS et MN (fig. 6). On parcourt le terrain en tenant à la main le premier croquis; on reconnaît de nouveau l'efficacité des lignes secondaires et on les jalonne successivement en ayant soin de planter, autant que possible, les jalons intermédiaires dans les limites des parcelles. Aux points Q, M, P.... etc., placés aux extrémités des différentes lignes, on plantera des jalons faciles à distinguer des autres (on y met, par exemple, du papier de couleur).

34. — 5° *Mesurage des lignes, opérations de détail.* — Ce jalonnement effectué, on va mesurer les lignes principales et les lignes secondaires en cotant tous les détails sur les croquis.

35. — Afin d'obtenir un croquis d'une grande clarté, il est nécessaire d'adopter un mode uniforme pour l'inscription des cotes. Les mesures se comptent toujours à partir du commencement de la ligne; ainsi, pour mesurer la droite AB (fig. 8) d'une longueur de 100 mètres, en tenant compte des détails, on cote d'abord la distance Ac de 25 mètres, puis la distance Ad de 30 mètres 60 centimètres, la distance Ae de 45 mètres 70 centimètres, les distances Af, Ah, Ai, Ak, et enfin la distance AB de 100 mètres.

36. — La figure 8 montre la manière la plus rationnelle d'annoter les cotes. On les inscrit dans le sens du mesurage ou de la largeur des parcelles et du côté de la ligne où ces parcelles sont placées. Dans le cas où les parcelles sont étroites, on inscrit la cote dans le sens de leur longueur (parcelle *ik*, fig. 8).

37. — Aux points *c*, *d*, *e*, *f*, etc., on marque un trait d'environ 1 centimètre pour indiquer le sens des limites des pièces de terre; ces traits seront prolongés plus tard jusqu'à leurs correspondants sur la ligne de construction opposée.

37 *bis*. — On chaîne les lignes principales AB, BD, CD, AC; après ce mesurage, le croquis a pris la forme de la figure 9; après le mesurage des lignes EF, IK et LE, on obtient la figure 10. On comprend facilement qu'après le chaînage de toutes les lignes secondaires, on soit arrivé à représenter sur le croquis la figure 6. Deux lignes de construction opposées comme ED et EF, LE et IK (fig. 10), doivent toujours être mesurées dans le même sens.

38. — ORIENTER LE PLAN. — Pour orienter le plan (14), on fixe le graphomètre au point D (fig. 6) et on fait placer un jalon en T dans la direction du nord donnée par l'aiguille aimantée; on mesure ensuite l'angle FDT, qui donne la position de la ligne principale BD, et, par suite, celle du plan par rapport à la méridienne DT.

39. — CAS OU LES PARCELLES SONT BORDÉES PAR UN CHEMIN. — Dans les exemples que nous venons de voir, les parcelles sont bordées par des lignes de têtes droites, mais il arrive la plupart du temps qu'elles ont pour limite un chemin sinueux (fig. 11). Dans ce cas, on établit le long du chemin une ligne de construction AB et on opère comme si cette ligne limitait les pièces de terre, en ayant soin de mesurer à chaque détour la distance qui la sépare du chemin. Cette distance se chaîne d'ordinaire le long des limites des parcelles; mais si ces limites ne sont pas assez rapprochées pour indiquer tous les contours du chemin, on abaisse, de chacun des sommets des angles formés par les sinuosités, une perpendiculaire sur la ligne de construction (13); la mesure de cette perpendiculaire donne la distance cherchée (CD et EF, fig. 11). Les cotes doivent s'inscrire le long ou à l'extrémité des perpendiculaires, comme l'indique la figure 10.

40. — Il arrive fréquemment que l'autre rive du chemin limite aussi des têtes de parcelles; dans ce cas, il est inutile d'établir deux lignes de construction, la droite AB suffit. On inscrit sur cette ligne les points G, H, I, K, où tombent les prolongements des limites de ces dernières parcelles, et pour distinguer les cotes, on les place au-dessous de la ligne AB (fig. 12), tandis que les premières sont inscrites au-dessus de la même ligne (fig. 11).

41. — Les perpendiculaires abaissées du chemin sur la ligne de construction AB, ainsi que les distances prises de cette ligne au chemin le long des parcelles, se mesurent jusqu'à l'axe de ce chemin.

42. — PROPRIÉTÉS BÂTIES. — Le sol d'une maison représentant d'ordinaire un rectangle, il n'est besoin, pour en obtenir la figure, que de mesurer sa longueur et sa largeur; pour avoir sa position sur le croquis, il suffit de la rattacher à un point quelconque d'une parcelle ou d'une ligne.

43. — Un pâté de bâtiments, un bois, l'ensemble d'une propriété privée dans laquelle on ne peut pénétrer, doivent se lever au graphomètre (70) ou à la boussole (72); on mesure successivement tous les côtés et tous les angles.

Difficultés qui se présentent dans la pratique.

44. — MESURER LA LARGEUR D'UNE RIVIÈRE. — Soit à mesurer la largeur AC d'une rivière (fig. 13) On mène une ligne AB d'une longueur quelconque le long de la rivière, de telle façon que des points A et B, on puisse distinguer le point C.

45. — Cela fait, on mesure la longueur AB et les angles CAB et ABC au moyen du graphomètre; on a dans le triangle ABC :

$$\frac{AC}{AB} = \frac{Sin.\ B}{Sin.\ C}$$

or, $Sin.\ C = Sin.\ (A+B)$, d'où : $AC = \dfrac{AB \times Sin.\ B}{Sin.\ (A+B)}$.

45. — PROLONGER UNE LIGNE AU-DELÀ D'UN OBSTACLE, MESURER CETTE LIGNE. — Souvent un obstacle, tel qu'un taillis, une maison, un étang, se rencontre au milieu d'une ligne à mesurer. Soit, par exemple, une ligne M à prolonger au-delà d'un obstacle O (fig. 14). On choisit un point A d'où on puisse voir à droite et à gauche de l'obstacle O, et on établit une base AK joignant ce même point A à un point K de la ligne M, à gauche de l'obstacle; on mesure la droite AK, l'angle K et un angle arbitraire KAB dont le côté AB se prolonge à droite de l'obstacle O.

46. — Supposons, pour un instant, la droite MK prolongée; la ligne AB la rencontrera au point B, et dans le triangle AKB on aura (44):

$$AB = \frac{AK \times \mathit{Sin.}\ AKB}{\mathit{Sin.}\ (AKB + BAK)},$$

Connaissant ainsi la longueur de AB, il est facile de déterminer le point B; on obtiendra, par des calculs analogues, un autre point D de la ligne M et on pourra établir la direction BD qui n'est autre chose que le prolongement de cette ligne.

47. — On peut, en résolvant le triangle KAB, dont on connaît le côté AK et les angles BKA, KAB, trouver la longueur KB, mais il est également facile de mesurer cette ligne sur le terrain. Pour cela, il suffit d'établir, en face de l'obstacle O, une ligne CE parallèle à MD (fig. 15), ce qu'on obtient en mesurant, des points A et B, deux perpendiculaires AC, BD d'égale longueur, et en joignant les extrémités C et E; on détermine ainsi la ligne CE, égale à la droite AB.

II. — RAPPORT DU PLAN

48. — Dans le plan de 50 hectares exigé des surnuméraires et des candidats, les lignes principales ont ordinairement de 600 à 800 mètres et la diagonale de 900 à 1,200 mètres de longueur. A l'échelle de 1 sur 2,000, ce plan représente un quadrilatère d'environ 35 à 40 centimètres de côté.

49. — Rapport de la triangulation. — Le rapport doit être fait à l'échelle de 1 à 2,000 mètres, sur une feuille de papier format *grand-aigle;* on le fait d'abord en entier, au crayon.

50. — On commence par diviser cette feuille en carrés de 200 mètres de côté (fig. 17); à cet effet, on mène deux diagonales qui se coupent au centre du plan, on porte avec le compas une longueur égale sur chacune des quatre directions formées par l'intersection des diagonales, et on détermine ainsi quatre points qui, joints deux à deux, forment un rectangle. Il ne reste plus qu'à mener des parallèles distantes de 200 mètres aux côtés de ce rectangle pour obtenir les divisions voulues.

51. — L'un des côtés NS (fig. 17) représente la direction nord-sud (1); on connaît l'angle BCE (38) que la méridienne forme avec la ligne principale BC, on connaît également chacun des angles des triangles ABC, ADC (31), ainsi que les longueurs de leurs côtés. Nous allons trouver, avec ces données, la position des points A, B et D; on établit le point C sur la ligne NS, au point d'intersection de cette ligne avec un côté horizontal des carrés.

52. — Supposons pour un instant les triangles ABC et ADC rapportés sur la feuille de plan; on mène des points A, B et D

(1) J'appellerai *verticaux* les côtés parallèles à cette direction et *horizontaux* ceux qui lui sont perpendiculaires.

les perpendiculaires AF, BE et DG sur la ligne NS. On forme ainsi trois triangles rectangles ACF, BCE, DGC (fig. 17).

53. — Dans le triangle ACF, on connaît l'hypothénuse AC et l'angle ACF; dans le triangle BCE, l'hypothénuse BC et l'angle C; enfin, dans le triangle DCG, l'hypothénuse DC et l'angle C égal à deux angles droits, moins la somme des angles DCA, ACB et BCE; on peut donc résoudre ces triangles et connaître ainsi la longueur des droites CG, CF, CE et celle des lignes FA, EB, GD; ces calculs sont représentés dans le modèle du cahier de calculs, à la fin du volume.

54. — Toutes ces distances étant connues, on porte sur la ligne NS, à partir du point C, les longueurs CG, CF, CE; des points G, F, E, on mène des perpendiculaires à la ligne NS, c'est-à-dire des parallèles aux côtés horizontaux des carrés du plan, et on porte sur ces perpendiculaires les longueurs GD, FA, EB; l'extrémité de ces lignes détermine les sommets A, B, D. En joignant ces sommets et les points A et C, on obtient sur le papier la figure des lignes principales et de la diagonale du plan; la triangulation est rapportée.

55. — Rapport des lignes secondaires et des détails. — On devine maintenant le reste de la besogne; il ne s'agit plus que d'opérer sur le papier, de la manière dont on a opéré sur le terrain.

56. — Sur les lignes principales AB, BD, DC, CA (fig. 6) et des points A, B, C, D, on porte les longueurs AI, AH, BF, CE, CK, AR, dont les extrémités déterminent les points d'intersection de ces droites avec les lignes secondaires; on trace ensuite les lignes secondaires EF, ER, IK; au moyen des cotes du croquis, on détermine sur ces droites les points G, M et P et on trace GS, MN et PS. Toutes les lignes de construction principales et secondaires sont dès lors représentées sur la feuille de plan.

57. — On porte successivement, sur chacune de ces lignes, les longueurs cotées sur le croquis et on détermine, par cette opération, tous les points qui servent de limites aux différentes parcelles; on joint les points correspondants sur deux lignes opposées et on obtient finalement tous les détails du terrain.

58. — On a suivi, pour le rapport du plan, la marche déjà tracée pour la confection du croquis : rapport des lignes principales, rapport des lignes secondaires, sans tenir compte des détails, et enfin rapport des détails en fixant sur les lignes principales et secondaires toutes les cotes observées sur le terrain et en joignant les points correspondants sur deux lignes de constructions opposées.

59. — Les carrés (50), les lignes principales et secondaires de construction doivent rester sur le plan; les carrés seront représentés par des traits pleins à l'encre rouge, les lignes principales seront également pleines et à l'encre bleue, les lignes secondaires seront pointillées en bleu, les limites des parcelles seront indiquées par des traits pleins à l'encre de chine.

60. — Le canevas trigonométrique (fig. 17), représente à l'échelle de 1 sur 10,000 la triangulation du plan, ainsi que les lignes AF, BE, DG, servant à déterminer les sommets A, B, D du quadrilatère (51, 52, 53, 54). Les carrés (50) sont également représentés à la même échelle par des lignes pleines à l'encre rouge ; les lignes AB, BC, CD, DA seront pleines et à l'encre bleue, les droites AF, BE, DG seront en pointillé bleu.

61. — Le canevas trigonométrique s'établit sur la feuille même du plan (V. la feuille de plan), dans un endroit convenable; un des grands carrés (50) suffit pour le contenir. On partage en cinq parties égales chacun des côtés de ce carré, on joint les points correspondants sur les côtés opposés et on obtient ainsi sa division en 25 carrés de 200 mètres à l''échelle de 1 sur 10,000. Le rapport de la triangulation se fait ensuite de la manière indiquée aux art. 51, 52, 53 et 54.

III. — CALCUL DU PLAN

62. — Calcul des parcelles. — On commence par diviser le plan en plusieurs grandes masses (4 ou 5 ordinairement) dont chacune renferme 20 à 30 parcelles ; les limites des masses sont représentées par un liséré de couleur. On donne un nom à chacune des masses et un numéro à toutes les parcelles du plan ; ces numéros doivent se suivre sans interruption dans la même masse.

63. — Les parcelles régulières (triangles ou trapèze) sont calculées d'après les procédés ordinaires de géométrie : on obtient la surface d'un triangle en multipliant la base par la hauteur et en prenant la moitié du produit. Pour obtenir la surface d'un trapèze ABCD (fig. 18), on mesure sur le plan la base moyenne EF joignant les milieux des côtés non parallèles AC et BD, on mesure les deux hauteurs AG et BH et on multiplie la longueur EF par la somme des longueurs AG et BH ; la moitié de ce produit donne la surface du trapèze.

64. — Les parcelles irrégulières du plan sont divisées en triangles ou trapèzes (fig. 19) ; on mesure la surface de chacun des triangles *a, b, c,* et la somme de ces surfaces donne l'aire de la parcelle ABCDE. Ces divisions se font sur le plan même, au crayon, et ne doivent pas être effacées.

64 *bis*. — Toutes les parcelles d'une masse étant calculées, on additionne les résultats obtenus pour chacune d'elles et le total donne l'aire de la masse ; l'addition des aires des masses donne la surface entière du plan.

65. — Les chemins ayant d'ordinaire une même largeur dans tout leur parcours, on les calcule comme les trapèzes ; on mesure, à cet effet, toutes les parties d'un même chemin dans une masse, on additionne les résultats trouvés et on multiplie le total obtenu par la largeur du chemin. Si cette largeur différait en plusieurs endroits, il deviendrait nécessaire de diviser les chemins, comme les parcelles du plan, en figures régulières.

66. — Calcul des masses. — Le calcul de toutes les parcelles opéré, on dessine sur le verso de la feuille de plan les contours de chacune des masses ; on forme ainsi plusieurs grands polygones irréguliers que l'on divise en triangles, afin d'en déterminer les aires.

67. — Cela fait, on calcule chacun de ces triangles, on additionne les surfaces des figures d'une même masse et on obtient de nouveau les aires de chaque grand polygone. Ce résultat doit être comparé au total obtenu, pour les mêmes polygones, par l'addition des parcelles qui les composent (64) ; les deux totaux ne doivent pas différer de plus d'un trois centième.

68. — On se fera une idée nette de toutes ces opérations en examinant attentivement les modèles que nous donnons plus loin du plan et du cahier de calculs.

EXPOSÉ DES AUTRES MÉTHODES

Demandées à l'examen oral des Surnuméraires et des Aspirants dans l'administration des Contributions directes

Levé au Graphomètre.

69. — Nous avons déjà vu la description et l'usage du graphomètre (14 et 15) ; son emploi est très-utile pour lever les plans des bois, des étangs, des pâtés de bâtiments, et en un mot de tous les terrains dont l'intérieur est inaccessible.

70. — Soit à lever le plan du polygone ABCDEF (fig. 19); il suffit d'en mesurer successivement tous les angles et tous les côtés. On reconnaît que l'opération a été bien exécutée quand le polygone se ferme avec précision dans le rapport sur la feuille de plan.

Levé à la Boussole.

71. — La *Boussole d'arpenteur* est formée d'une aiguille aimantée, soutenue horizontalement par la pointe d'un pivot d'acier. L'extrémité de l'aiguille correspond à un limbe divisé en 360 degrés; cette aiguille est renfermée dans une boîte carrée sur une des faces de laquelle est appliquée une alidade à pinnules pivotant horizontalement avec la boîte elle-même sur un axe central. Quand l'alidade est dirigée du nord au sud, l'aiguille se place parallèlement à cette alidade, suivant *la ligne de foi* tracée sur la boîte, et marque 0 degré; si elle s'avance de 1, 2, 3 degrés à l'est ou à l'ouest, l'aiguille aimantée présentant une direction constante s'arrête successivement aux divisions 1, 2, 3 du limbe et marque ainsi l'angle formé par l'alidade ou la ligne de foi qui lui est parallèle avec la ligne nord-sud.

72. — Soit à mesurer l'angle BAC (fig. 20); la droite NA représente la direction nord-sud. On fixe la boussole horizontalement en A, de manière que son pivot soit sur la même ligne verticale que ce point, et on place successivement l'alidade dans les directions AB et AC en mesurant, pour chacune de ces positions, les angles formés par la ligne nord-sud avec ces deux directions; ces angles ne sont autres que CAN et BAN; leur différence donne la mesure de l'angle BAC.

73. — On lève le plan d'un polygone comme avec le graphomètre, en mesurant tous les angles et tous les côtés.

Levé à la Planchette.

74. — On dessine un plan sur le terrain au moyen de *la* *planchette* : c'est une petite table rectangulaire en bois sur laquelle on fixe le papier destiné à recevoir le plan ; on attache la feuille de papier sur la planchette au moyen de punaises ou épingles à tête plate. La planchette, soutenue par un trépied, doit être maintenue dans une position horizontale.

75. — Soit à lever le plan d'un terrain ABCDEF (fig. 21), on plante des jalons à tous les sommets; on choisit un point central O, duquel on puisse les apercevoir facilement, et on fixe la planchette à ce point. Cela fait, on enfonce une aiguille au milieu du papier, en O, et de ce point on dirige une alidade mobile successivement sur tous les sommets A, B, C, D, E, F; cette alidade est une règle en bois ou en cuivre, dont les extrémités supportent deux pinnules verticales un peu élevées. On trace au fur et à mesure sur le plan des lignes indéfinies dans les directions OA, OB, OC, etc., le long de l'alidade ; on mesure ces lignes sur le terrain et on détermine ainsi les sommets A, B, C, D, E, F; il ne reste plus qu'à joindre ces points pour obtenir le plan du polygone ABCDEF.

76. — Au lieu de mesurer les lignes OB, OC, OD, etc., on peut établir et mesurer sur le terrain une base OP (fig. 22), de manière que des points O et P on puisse distinguer les jalons plantés aux sommets des angles en A, B, C, D. On place successivement la planchette en O et en P, et de ces points on mène des lignes indéfinies dans les directions OA, OB, OC, OD, PA, PB, PC, PD (75); l'intersection de ces droites détermine les points A, B, C, D, sommets des angles du polygone représentant le terrain à lever.

Levé à l'Équerre.

77. — On a déjà vu la description et l'usage de l'équerre d'arpenteur (11, 12 et 13). Soit à lever le plan d'un terrain ABCDEF (fig. 23); on joint deux sommets opposés A et D par une ligne droite et, des autres sommets, on abaisse sur cette ligne les perpendiculaires BH, CK, EI, FG ; on mesure la ligne AD en cotant les points d'intersection G, H, I, K, puis on chaîne successivement chacune des perpendiculaires BH, CK, EI, FG. On détermine ainsi les points A, B, C, E, F, sommets des angles du polygone ; en joignant ces points entre eux, on obtient le plan du terrain.

CAHIER

DE CALCULS

NOTICE

EXPOSANT LA MÉTHODE SUIVIE

LEVÉ DU PLAN

1° Etude du terrain.

Je commence par parcourir en tous sens le terrain que M. le Directeur m'a indiqué. Quand j'en ai acquis une connaissance générale, je recommence à le parcourir, ayant à la main une feuille de papier destinée à me servir de croquis provisoire. J'examine attentivement la direction des parcelles, des chemins et des lignes de tête ; j'en évalue à peu près la longueur et j'en décris au fur et à mesure la configuration sur mon croquis ; j'obtiens ainsi une image grossière du terrain. Dans un troisième parcours, je corrige les points défectueux, je mesure au pas les principales lignes, et j'ai bientôt un plan de l'ensemble aussi exact qu'il peut l'être en pareil cas; ce plan va me servir à déterminer les points d'où partiront mes lignes de construction.

Cela fait, j'étudie avec soin mon croquis et je vois qu'il est avantageux de fixer les sommets de la triangulation aux points A, B, C, D. En effet, la ligne AB longe, en la coupant en plusieurs endroits, une longue ligne de tête sinueuse; pour en obtenir la figure, je cote les points d'intersection *a*, *b*, *c*, *d*, en mesurant la ligne AB; le point *a* joint au point *e*, où elle coupe la droite AD, me donne la direction *ef*; je mesure *af* et je détermine ainsi le point *f* que je joins au point *b*, je mesure *bg* et j'obtiens le point *g* que je joins au point *c*; je chaîne le prolongement de la ligne *cg* jusqu'en *h* et j'obtiens le point *h*; je mesure *lm*, je détermine le point *l* que je joins à *d*, et par cette opération j'obtiens la direction *dl*; je chaîne *li*, *dk* et je détermine ainsi les points *i* et *k*. Tous les points de la ligne de tête *efghik* étant fixés, je n'ai plus qu'à les rattacher ensemble pour avoir le plan de cette ligne.

Les lignes AD, BC, DC longent également des lignes de tête ou des limites de parcelles dont j'obtiens la configuration par des procédés analogues.

J'observe qu'il m'est nécessaire de mener les lignes secondaires EF, GH, IK, LM, NO, PQ, ER. En effet, toutes ces lignes accompagnent soit des chemins, soit des limites de parcelles, ou servent de limites elles-mêmes.

2° Triangulation, établissement des lignes secondaires.

Cette étude préliminaire achevée, je fixe solidement sur le terrain, aux points A, B, C, D, quatre grands piquets faciles à distinguer de loin, et je jalonne les lignes principales AB, BC, CD, DA, ainsi que la diagonale AC. Je reconnais de nouveau l'efficacité des lignes secondaires projetées sur mon croquis; j'arrête définitivement les sommets E, F, G, H, I, K, L, M, N, O, P, Q, R; j'y place des jalons surmontés de papier rouge et je jalonne successivement les lignes EF, GH, IK, LM, NO, PQ, RE; je jalonne également toutes les lignes qui, comme IT, TU, UV, VX, servent de lignes de tête à une suite de parcelles.

Cela fait, je mesure, sans tenir compte des détails, les lignes principales et la diagonale; je les chaîne une seconde fois en sens contraire, et remarquant que les cotes trouvées diffèrent d'une très-petite quantité, j'en conclus que l'opération a été bien exécutée et j'arrête définitivement la longueur des lignes de ma triangulation en prenant la moyenne des deux cotes. J'établis cette triangulation sur ma feuille de croquis signée par M. le Directeur et j'y inscris les longueurs observées.

Je transporte successivement le graphomètre aux points A,

B, C, D, et je mesure les angles de chacun des triangles ABC, ADC.

Je reconnais que dans le triangle ABC,

l'angle A a 48° 32' 00"

— B a 78° 08' 00"

— C a 53° 20' 00";

Dans le triangle ABC,

l'angle A a 46° 29' 00"

— D a 105° 25' 00"

— C a 28° 06' 00".

Je mesure également, au point C, l'angle formé par la ligne BC avec la méridienne ; cet angle a 4 degrés 35 minutes.

3° Levé des détails.

Je chaîne de nouveau les quatre lignes principales et la diagonale en cotant les limites de parcelles ou leurs prolongements, les points d'intersection avec les lignes secondaires, les lignes de tête et les chemins; ainsi, sur la ligne AB, je cote les points d'intersection *a*, *b*, *c*, *d*, les prolongements des limites des parcelles nos 7, 8, 9, 10, 33, 57, 58, les limites des parcelles nos 51, 52, 53, 54, 55; je mesure en même temps les lignes *af*, *bf*, *bg*, *ch*, *li*, *dk*, qui me servent à obtenir la configuration de la ligne de tête *efghik*.

Sur la ligne BC, je cote les détails analogues, l'axe des deux chemins de la côte Saint-André et de Saint-Remy à Remiremont, les points O, M, K, H servant de têtes aux lignes secondaires NO, LM, IK, GH.

J'opère de la même manière sur les lignes DC, AD et AC; pour lever les maisons nos 31 et 93, je cote les points d'intersection des murs avec la ligne DC et je mesure les côtés du rectangle servant de base à ces maisons.

Je m'assure que les longueurs trouvées dans le levé des détails pour les côtés et la diagonale du quadrilatère sont égales à celles établies par la triangulation.

Je chaîne les lignes secondaires en y cotant tous les détails indiqués dans le mesurage des lignes principales; j'obtiens la configuration des chemins et des lignes de tête en mesurant leur distance aux lignes de construction, soit sur les limites des parcelles, soit sur les perpendiculaires abaissées des sommets des angles formés par leurs sinuosités sur ces lignes de construction.

Je chaîne également les lignes de tête IT, TU, UV.., etc., dont les extrémités ont été cotées sur les lignes principales et secondaires, et j'ai soin de toujours mesurer dans le même sens deux lignes de construction ou deux lignes de tête opposées; au fur et à mesure du chaînage de ces lignes, je joins les points correspondants et j'obtiens enfin le croquis de mon plan avec les cotes de tous les détails.

RAPPORT DU PLAN

1° Calcul des angles.

Pour m'assurer de l'exactitude des angles observés sur le terrain au moyen du graphomètre et en même temps de l'exactitude des lignes de ma triangulation, je déduis de la longueur de ces lignes la mesure des angles des triangles ABC et ADC; ce calcul me donne dans le triangle ABC :

Angle A = 48° 31' 32"
— B = 78° 07' 56"
— C = 53° 20' 32",

Dans le triangle ADC :

Angle A = 46° 29' 22"
— D = 105° 25' 02"
— C = 28° 05' 36"

Les mesures observées sur le terrain ne différant pas d'une manière sensible de celles obtenues par le calcul, j'en conclus que ma triangulation est exacte.

2° Rapport de la triangulation.

Je commence par recouvrir ma feuille de plan de carrés de 200 mètres de côté, à l'échelle de 1 sur 2,000, j'établis ma ligne nord-sud suivant le côté vertical CE (voir le canevas trigonométrique), et je fixe le sommet C sur un point convenable de cette ligne. J'ai déduit antérieurement, par le calcul, la longueur des distances CG, CF, CE du point C aux pieds des perpendiculaires abaissées des sommets du quadrilatère sur la ligne nord-sud, ainsi que les longueurs EB, FA, GD de ces perpendiculaires.

Je porte à partir du point C sur la ligne nord-sud une ouverture de compas égale à 51 mètres 70 centimètres, l'extrémité détermine le point G; j'obtiens les points F et E, en portant sur la même ligne les longueurs CF et CE de 525 mètres 70 centimètres et de 755 mètres 50 centimètres. Des points G, F, E, j'élève sur la ligne nord-sud les perpendiculaires GD, FA, EB; je porte sur ces perpendiculaires les longueurs de 743 mètres, 838 mètres 80 centimètres et 60 mètres 60 centimètres, dont les extrémités déterminent les points D, A, B, sommets de mon quadrilatère. En joignant ces points ensemble, j'obtiens les lignes de ma triangulation.

3° Rapport des lignes secondaires et des détails.

La triangulation rapportée, j'opère sur ma feuille de plan comme j'ai opéré sur le terrain ; je porte sur les lignes principales toutes les mesures cotées sur le croquis : limites ou prolongements de limites de parcelles, intersection des chemins, des lignes de tête, des lignes secondaires.

Je rattache entre eux les points d'intersection marquant les extrémités des lignes de construction; une fois ces lignes établies, j'y porte toutes les cotes de mon croquis et je joins les points correspondants sur les lignes opposées, j'y rattache les chemins, les têtes de parcelles, les maisons, etc., et j'ai soin de tracer tous ces détails au fur et à mesure de leur détermination.

J'ai ainsi obtenu le plan de mon terrain avec toutes ses particularités.

CALCUL DES SURFACES

1° Calcul des parcelles.

Je commence par diviser mon plan en quatre grandes masses à peu près égales, *les Tourelles*, *les Terres-Basses*, *la Mancellière*, *Belleville*, et je numérote chacune des parcelles contenues dans ces polygones.

Je détermine la surface des parcelles régulières par les procédés ordinaires de la géométrie ; je divise en triangles et trapèzes les parcelles irrégulières; je calcule séparément chacune de ces figures, dont les surfaces réunies me donnent la contenance de la parcelle ainsi divisée.

Je totalise ensuite les contenances de toutes les parcelles d'une même masse et finalement les contenances de ces masses; j'obtiens les résultats suivants :

Polygone n° 1, les Tourelles.........	13h 38a 06c
— n° 2, les Terres-Basses.........	11 53 92
— n° 3, la Mancellière.........	13 20 19
— n° 4, Belleville.........	11 74 48
Route.........	1 76 »
SURFACE TOTALE DU PLAN ...	51h 62a 65c

2° Calcul des masses.

Je calque sur le verso de mon plan les limites des quatre masses, je divise chacune d'elles en triangles, je mesure la surface des triangles, je totalise par masse et j'obtiens :

Polygone n° 1, les Tourelles.........	13h 38a 60c
— n° 2, les Terres-Basses.....	11 52 40
— n° 3, la Mancellière........	13 19 »
— n° 4, Belleville	11 75 38
Route..............................	1 76 »
SURFACE TOTALE DU PLAN ...	51h 61a 38c

Ce résultat différant peu de celui obtenu par le calcul des parcelles, j'en conclus que les surfaces trouvées sont exactes.

Typ. Oberthur et fils, à Rennes. — Maison à Paris, rue des Blancs-Manteaux, 35.

CALCUL DES ANGLES.

TRIANGLE ADC. (V. le canev. trigon.)

Appelant 2 p le périmètre, a, d, c les côtés opposés aux angles A, D, C, on a :

$$\text{Tang.}\ \frac{A}{2} = \sqrt{\frac{(p-d)\,(p-c)}{p\,(p-a)}}$$

$$\text{Tang.}\ \frac{D}{2} = \sqrt{\frac{(p-a)\,(p-c)}{p\,(p-d)}}$$

$$\text{Tang.}\ \frac{C}{2} = \sqrt{\frac{(p-a)\,(p-d)}{p\,(p-c)}}$$

p = 1109^m 20 dont le logarithme est 3,045010

p-a = 364. 40 ———————— 2,561578

p-d = 119. 20 ———————— 2,076276

p-c = 625. 60 ———————— 2,796297

$$\text{Log. Tang.}\ \frac{A}{2} = \frac{\log.(p-d) + \log.(p-c) - [(\log.p + \log.(p-a)]}{2} =$$

9,632992 corresp. à 23° 14′ 41″, d'où :

angle A = 46° 29′ 22″.

$$\text{Log. Tang.}\ \frac{D}{2} = \frac{\log.(p-a) + \log.(p-c) - [\log.p + \log.(p-d)]}{2} =$$

0, 118294 corresp. à 52° 42′ 31″, d'où :

angle D = 105° 25′ 02″.

$$\text{Log. Tang. } \frac{C}{2} = \frac{\log.(p-a) + \log.(p-d) - [\log.p + \log.(p-c)]}{2} =$$

9.398273 corresp. à 14°02′48″, d'où :

angle C = 28°05′36″.

Ainsi, j'ai obtenu :

angle A = 46° 29′ 22″
——— D = 105° 25′ 02″
——— C = 28° 05′ 36″

Total . . . . 180° 00′ 00″

Les mesures observées avec le graphomètre sont :

angle A = 46° 29′ 00″
——— D = 105° 25′ 00″
——— C = 28° 06′ 00″

Total . . . . 180° 00′ 00″

Triangle ABC.

J'ai : $\text{Tang. } \frac{A}{2} = \sqrt{\frac{(p-b)(p-c)}{p(p-a)}}$

$$\text{Tang. } \frac{B}{2} = \sqrt{\frac{(p-a)(p-c)}{p(p-b)}}$$

$$\text{Tang. } \frac{C}{2} = \sqrt{\frac{(p-a)(p-b)}{p.(p-c)}}$$

p = 1279^{m}70 dont le log. est 3,107108

p-a = 521. 70 ———— 2,717421

p-b = 289. 70 ———— 2,461948

p-c = 468. 20 ———— 2,670431

$$\text{Log. Tang. } \frac{A}{2} = \frac{\log.(p-b) + \log.(p-c) - [\log.p + \log.(p-a)]}{2} =$$

9.653925 corresp. à 24°15'46", d'où :

angle A = 48° 31' 32".

$$\text{Log. Tang. } \frac{B}{2} = \frac{\log.(p-a) + \log.(p-c) - [(\log.p) + \log.(p-b)]}{2} =$$

9.909398 corresp. à 39° 03' 58", d'où :

angle B = 78° 07' 56".

$$\text{Log. Tang. } \frac{C}{2} = \frac{\log.(p-a) + \log.(p-b) - [\log.p + \log.(p-c)]}{2} =$$

9.700915 corresp. à 26°40' 16", d'où :

angle C = 53°20' 32".

---

angle A = 48° 31' 32"

—— B = 78° 07' 56"

—— C = 53° 20' 32".

Total . . . 180° 00' 00"

Les mesures observées au graphomètre sont :

angle A = $48° 32' 00''$
— B = $78° 08' 00''$
— C = $53° 20' 00''$

TOTAL . . . $180° 00' 00''$

CALCULS
POUR LE RAPPORT DE LA
TRIANGULATION.

1º Détermination du sommet A.

Le point A sera déterminé quand on connaitra la distance AF de ce point à la méridienne et la distance FC du pied de la perpendiculaire AF au point C.

J'ai dans le triangle rectangle ACF :

Côté AC = 990^{m}

angle C = 57° 55′ 32″.

Or, AF = AC × Sin. C, d'où :

Log. AF = log. AC + log. Sin. C.

Log. AC = 2,995635

Log. Sin. C = $\bar{1}$,928025, d'où :

Log. AF = . . . 2,923660, et

AF = 838^{m} 80^{c}.

FC = AC × cos. C, d'où :

Log. FC = log. AC + log. cos. C.

Log. AC = 2,995635

Log. cos. C = $\bar{1}$,725118, d'où :

Log. FC = 2,720753, et

FC = 525^{m} 70.

2º Détermination du sommet B.

Le point B sera déterminé quand on connaitra la distance BE de ce point à la méridienne et la distance EC du pied de la perpendiculaire BE au point C.

J'ai dans le triangle rectangle BCE :

côté BC = 758 mètres

angle C = $4° 35' 00''$

Or, BE = BC × sin. C, d'où :

Log. BE = log. BC + log. sin. C.

Log. BC = 2,879669

Log. sin. C = $\bar{2}$,902596, d'où :

Log. BE = 1,782265, et

BE = 60,m 60c

EC = BC × cos. C, d'où :

Log. EC = log. BC + log. cos. C.

Log. BC = 2,879669

Log. cos. C = $\bar{1}$,998609, d'où :

Log. EC = 2,878278, et

EC = 755,m 50c

3° Détermination du sommet D.

Le point D sera déterminé quand on connaitra la distance DG de ce point à la méridienne et la distance GC du pied de la perpendiculaire DG au point C.

J'ai dans le triangle rectangle DCG :

côté DC = 744m,80c

angle C = 86° 01′ 08″

Or, DG = DC × sin. C, d'où :

Log. DG = log. DC + log. sin. C.

Log. DC = 2,872040

Log. sin. C = $\bar{1}$,998951, d'où :

Log. DG = 2,870991, et

DG = 743 mètres.

GC = DC × cos. C, d'où :

Log. GC = log. DC + log. cos. C.

Log. DC = 2,872040

Log. cos. C = $\bar{2}$,841532, d'où :

Log. GC = 1,713572, et

GC = 51m,70c

Nos du Plan	Lettres indicat. des figures.	Figures.	Facteurs.	Produits.	Contenance par figure.	Contenance par parcelle.

CALCUL DES PARCELLES

Polygone N° 1, Les Tourelles.

Nos du Plan	Lettres indicat. des figures.	Figures.	Facteurs.	Produits.	Contenance par figure.	Contenance par parcelle.
1	»	trapèze	180 (35+33)	122.40	61.20	61.20
2	»	id.	146 (18+19)	54.02	27.01	27.01
3	a	triang.	98 × 76	74.48	37.24	51.94
	b	id.	98 × 30	29.40	14.70	
4	»	id.	59 × 37	21.83	10.91	10.91
5	a	id.	134 × 40	53.60	26.80	44.66
	b	id.	94 × 38	35.72	17.86	
6	»	id.	80 × 16	12.80	6.40	6.40
7	»	trap.	80 (24+26)	40.00	20.00	20.00
8	»	id.	85 (36+34)	59.50	29.75	29.75
9	»	id.	91 (38+38)	69.16	34.58	34.58
10, 10bis	»	id.	98 (44+44)	86.24	43.12	43.12
11	a	trian.	86 × 43	36.98	18.49	61.69
	b	id.	180 × 48	86.40	43.20	
A reporter.				782.53		391.26

Nos du Plan.	Lettres indicat. des figures	Figures.	Facteurs.	Produits.	Contenance par figure.	Contenance par parcelle.
			Report...	782.53		391.26
12	a	triang.	122 × 86	104.92	52.46	97.60
	b	id.	122 × 74	90.28	45.14	
13	»	trap.	176 (34+36)	123.20	61.60	61.60
14	»	id.	172 (33+33)	113.52	56.76	56.76
15	»	id.	167 (28+28)	93.52	46.76	46.76
16	a	trian.	85 × 55	46.75	23.38	54.83
	b	id.	85 × 74	62.90	31.45	
17	»	trap.	162 (24+26)	81.00	40.50	40.50
18	»	id.	158 (30+30)	94.80	47.40	47.40
19	a	trian.	160 × 49	78.40	39.20	80.80
	b	id.	160 × 52	83.20	41.60	
20	»	trap.	76 (28+28)	42.56	21.28	21.28
21	»	id.	72 (30+30)	43.20	21.60	21.60
22	»	id.	66 (40+40)	52.80	26.40	26.40
23	a	trian.	117 × 48	56.16	28.08	51.48
	b	id.	117 × 40	46.80	23.40	
24	»	trap.	66 (33+36)	45.54	22.77	22.77
25	»	id.	64 (9+9)	11.52	5.76	5.76
A reporter			......	2053.60		1026.80

Nos du Plan.	Lettr. indicat. des figur.	Figures.	Facteurs.	Produits.	Contenance par figure.	Contenance par parcelle.
		Report....		2053.60		1026.80
26	a	triang.	78×54	42.12	21.06	36.27
	b	id.	78×39	30.42	15.21	
27	"	id.	226×102	230.52	115.26	115.26
28	"	id.	124×68	84.32	42.16	42.16
29	a	id.	92×44	40.48	20.24	51.06
	b	id.	92×67	61.64	30.82	
30,31	"	trap.	105 (25+29)	56.70	28.35	28.35
Chemins....			954 (4+4)	76.32	38.16	38.16
		TOTAL.....		2676.12		1338.06

Polygone N° 2, LES TERRES BASSES.

Nos du Plan.	Lettr. indicat. des figur.	Figures.	Facteurs.	Produits.	Contenance par figure.	Contenance par parcelle.
33	"	trap.	97 (32+36)	65.96	32.98	32.98
33	"	id.	112 (58+58)	129.92	64.96	64.96
34	"	id.	102 (32+32)	65.28	32.64	32.64
35	"	id	102 (38+38)	77.52	38.76	38.76
A reporter.......				338.68		169.34

Nos du Plan.	Lettr. ind. des figures.	Figures.	Facteurs.	Produits.	Contenance par figure.	Contenance par parcelle.
		Report . . .		1883 . 28		941 . 64
49	a	trian.	176×76	133 . 76	66 . 88	163 . 68
	b	id.	176×110	193 . 60	96 . 80	
50	»	trap.	124 (29+31)	84 . 40	42 . 20	42 . 20
Chemins			160 (4+4)	12 . 80	6 . 40	6 . 40
		TOTAL		2307 . 84		1153 . 92

Polygone N° 3, La Mancellière.

	fig.	lett.ind.				
51	trap.	»	146 (40+40)	116 . 80	58 . 40	58 . 40
52	id.	»	139 (33+33)	91 . 74	45 . 87	45 . 87
53	id.	»	122 (44+46)	109 . 80	54 . 90	54 . 90
54	id.	»	127 (30+32)	78 . 74	39 . 37	39 . 37
55	id.	»	124 (29+29)	71 . 92	35 . 96	35 . 96
56	id.	»	124 (11+13)	29 . 76	14 . 88	14 . 88
57	id.	»	123 (6+6)	14 . 76	7 . 38	7 . 38
58	id.	»	126 (61+64)	157 . 50	78 . 75	78 . 75
	A reporter			671 . 02		335 . 51

Nᵒˢ du Plan.	Lettr. ind. des figur.	Figures	Facteurs.	Produits.	Contenance par figure.	Contenance par parcelle.
		Report		338. 68		169. 34
36	»	trap.	103 (48+50)	100. 94	50. 47	50. 47
37	a	trian.	180 × 26	46. 80	23. 40	
	b	id.	180 × 31	55. 80	27. 90	51. 30
38	»	trap.	165 (23+26)	80. 85	40. 42	40. 42
39	»	id.	162 (32+34)	106. 92	53. 46	53. 46
40	»	id.	159 (16+17)	52. 47	26. 24	26. 24
41	»	id	156 (64+64)	197. 12	98. 56	98. 56
42	a	id	162 (20+20)	64. 80	32. 40	
	b	trian.	27 × 12	3. 24	1. 62	34. 02
43	»	trap.	198 (27+27)	106. 92	53. 46	53. 46
44	»	id.	202 (29+29)	117. 16	58. 58	58. 58
45	»	id.	220 (40+42)	180. 40	90. 20	90. 20
46	»	id.	232 (9+9)	41. 76	20. 88	20. 88
47	a	trian.	122 × 64	78. 08	39. 04	
	b	id.	122 × 87	106. 14	53. 07	92. 11
48	a	id.	135 × 66	89. 10	44. 55	
	b	id.	135 × 86	116. 10	58. 05	102. 60
A	reporter			1883. 28		941. 64

Nos du Plan.	Lettr. ind. des figur.	Figures	Facteurs.	Produits.	Contenance par figure.	Contenance par parcelle.
		Report.		671.02		335.51
59.	a	trap.	117(54+61)	134.55	67.27	69.39
	b	triang.	53×8	4.24	2.12	
60	»	trap.	122(38+40)	95.16	47.58	47.58
61	»	id.	124(11+11)	27.28	13.64	13.64
62	a	triang.	123 × 51	62.73	31.37	64.58
	b	id.	123 × 54	66.42	33.21	
63	a	id.	126 × 54	68.04	34.02	74.34
	b	id	126 × 64	80.64	40.32	
64	»	trap.	161(55+57)	180.32	90.16	90.16
65	a	triang.	176 × 78	137.28	68.64	125.84
	b	id.	176 × 65	114.40	57.20	
66	a	trap.	167(60+62)	203.74	101.87	105.97
	b	tri.	164 × 5	8.20	4.10	
67	»	trap.	188(64+70)	251.92	125.96	125.96
68	a	triang.	154 × 73	112.42	56.21	122.43
	b	id.	154 × 84	132.44	66.22	
69	a	id.	188 × 74	139.12	69.56	104.34
	b	id.	188 × 37	69.56	34.78	
		A reporter.		2559.48		1279.74

Nos du Plan	Lettres indic. des fig.	Figures	Facteurs.	Produits.	Contenance par figure.	Contenance par parcelle.
		Report.....		2559.48		1279.74
70	»	trian.	103 × 54	55.62	27.81	27.81
	Chemins.		316 × (4+4)	25.28	12.64	12.64
		TOTAL.....		2640.38		1320.19

Polygone N° 4, BELLEVILLE.

Nos du Plan	Lettres indic. des fig.	Figures	Facteurs.	Produits.	Contenance par figure.	Contenance par parcelle.
71	»	trap.	230 (62 + 58)	276.00	138.00	138.00
72	»	id.	265 (12 + 12)	63.60	31.80	31.80
73	»	id.	269 (20 + 17)	99.53	49.76	49.76
74	»	id.	266 (20 + 22)	111.72	55.86	55.86
75	»	trian.	103 × 55	56.65	28.33	28.33
76	»	trap.	96 (31 + 32)	60.48	30.24	30.24
77	»	id.	125 (41 + 41)	102.50	51.25	51.25
78	»	trian.	103 × 42	43.26	21.61	21.63
79	»	trap.	62 (23 + 24)	29.14	14.57	14.57
80	»	id.	61 (49 + 45)	57.34	28.67	28.67
	A reporter....			900.22		450.11

Nos du Plan.	Lettr. ind. des figur.	Figures	Facteurs.	Produits.	Contenance par figure.	Contenance par parcelle.
		Report	....	900.22		450.11
81	"	trap.	63(28+29)	35.91	17.95	17.95
82	"	id.	62(46+51)	60.14	30.07	30.07
83	"	trian.	38×16	6.08	3.04	3.04
84	"	trap.	28(41+41)	22.96	11.48	11.48
85	"	tri.	37×13	4.81	2.41	2.41
86	"	trap.	39(33+33)	25.74	12.87	12.87
87	"	id.	65(40+40)	52.00	26.00	26.00
88	"	id.	78(14+14)	21.84	10.92	10.92
89	"	tri.	96×36	34.56	17.28	17.28
90	"	trap.	84(22+22)	36.96	18.48	18.48
91	"	id.	84(17+17)	28.56	14.28	14.28
92,93	"	id.	83(44+45)	73.87	36.93	36.93
94	"	id.	130(48+50)	127.40	63.70	63.70
95	"	id.	138(47+47)	129.72	64.86	64.86
96	"	id.	142(16+18)	48.28	24.14	24.14
97	"	id.	142(24+24	68.16	34.08	34.08
98	"	id.	142(33+36)	97.98	48.99	48.99
99	"	tri.	102×18	18.36	9.18	9.18
	A	reporter	....	1793.55		896.77

Nos du Plan.	Lettres ind. des fig.	Fig.	Facteurs.	Produits.	Contenance par figure.	Contenance par parcelle.
		Report . . .		1793 . 55		896 . 77
100	"	trap.	156 (36 + 42)	121 . 68	60 . 84	60 . 84
101	"	id.	157 (24+26)	78 . 50	39 . 25	39 . 25
102	"	id.	157 (47+49)	150 . 72	75 . 36	75 . 36
103	"	id.	158 (38+40)	123 . 24	61 . 62	61 . 62
Chemins		. . .	1016 (4 + 4)	81 . 28	40 . 64	40 . 64
		TOTAL		2348 . 97		1174 . 48

RÉCAPITULATION.

Total du polygone n° 1 . . . . . . 13h. 38a. 06c

——————— n° 2 . . . . . . 11 . 53 . 92

——————— n° 3 . . . . . . 13 . 20 . 19

——————— n° 4 . . . . . . 11 . 74 . 48

Route (800 × 22) . . . . 1 . 76 . 00

Contenance totale du Plan . . . 51h. 62a. 65c.

Lettres indicatives des figures.	Figures.	Facteurs.	Produits.	Contenances.

CALCUL DES MASSES.

Polygone N° 1, Les Tourelles.

Lettres indicatives des figures.	Figures.	Facteurs.	Produits.	Contenances.
a	triangle	115 × 24	27.60	13.80
b	id.	358 × 99	3.54.42	1.77.21
c	id.	200 × 34	68.00	34.00
d	id.	12 × 6	».72	».36
e	id.	318 × 93	2.95.74	1.47.87
f	id.	104 × 23	23.92	11.96
g	id.	424 × 172	7.29.28	3.64.64
h	id.	424 × 217	9.20.08	4.60.04
i	id.	215 × 103	2.21.45	1.10.72
k	id.	120 × 30	36.00	18.00
	Total		26.77.21	13.38.60

Lett. ind. des figures.	Figures.	Facteurs.	Produits.	Contenances.
		Polygone N° 2, Les Terres basses.		
a	triang.	108 × 30	32.40	16.20
b	id.	108 × 142	1.53.36	76.68
c	id.	142 × 140	1.98.80	99.40
d	id.	142 × 44	62.48	31.24
e	id.	228 × 138	3.14.64	1.57.32
f	id.	228 × 188	4.28.64	2.14.32
g	id.	288 × 144	4.14.72	2.07.36
h	id.	288 × 232	6.68.16	3.34.08
i	id.	316 × 10	31.60	15.80
	Total	....	23.04.80	11.52.40

Lett. ind. des figures.	Figures.	Facteurs.	Produits.	Contenances
	Polygone N° 3, La Mancellière.			
a	triang.	318 X 67	2.13.06	1.06.53
b	id.	318 X 150	4.77.00	2.38.50
c	id.	334 X 208	6.94.72	347. 36
d	id.	334 X 100	3.34.00	1.67.00
e	id.	250 X 174	4.35.00	2.17.50
f	id.	250 X 68	1.70.00	85.00
g	id.	200 X 137	2.74.00	1.37.00
h	id.	200 X 13	26.00	13.00
i	id.	158 X 9	14.22	7.11
	Total	....	26.38.00	13.19.00

Lett. ind. des figures.	Figures.	Facteurs	Produits.	Contenances
Polygone N°4, Belleville.				
a	triang.	110 X 5	5. 50	2. 75
b	id.	134 X 24	32. 16	16. 08
c	id.	230 X 134	3. 08. 20	1. 54. 10
d	id.	230 X 85	1. 95. 50	97. 75
e	id.	96 X 4	3. 84	1. 92
f	id.	260 X 90	2. 34. 00	1. 17. 00
g	id.	334 X 70	2. 33. 80	1. 16. 90
h	id.	334 X 174	5. 81. 16	2. 90. 58
i	id.	582 X 130	7. 56. 60	3. 78. 30
	Total		23. 50. 76	11. 75. 38

RÉCAPITULATION.

Contenance de la 1ère masse	13h. 38a. 60c.
——— 2e ———	11 . 52 . 40
——— 3e ———	13 . 19 . 00
——— 4e ———	11 . 75 . 38
Route	1 . 76 . 00
Contenance totale du Plan	51h. 61a. 38c.

BALANCE.

Contenance d'après le calcul des parcelles	51h. 62a. 65c.
——— masses	51 . 61 . 38 .
DIFFÉRENCE	1a. 27c.

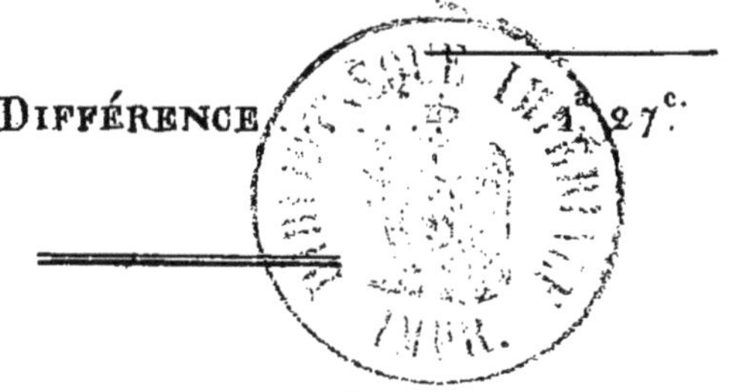

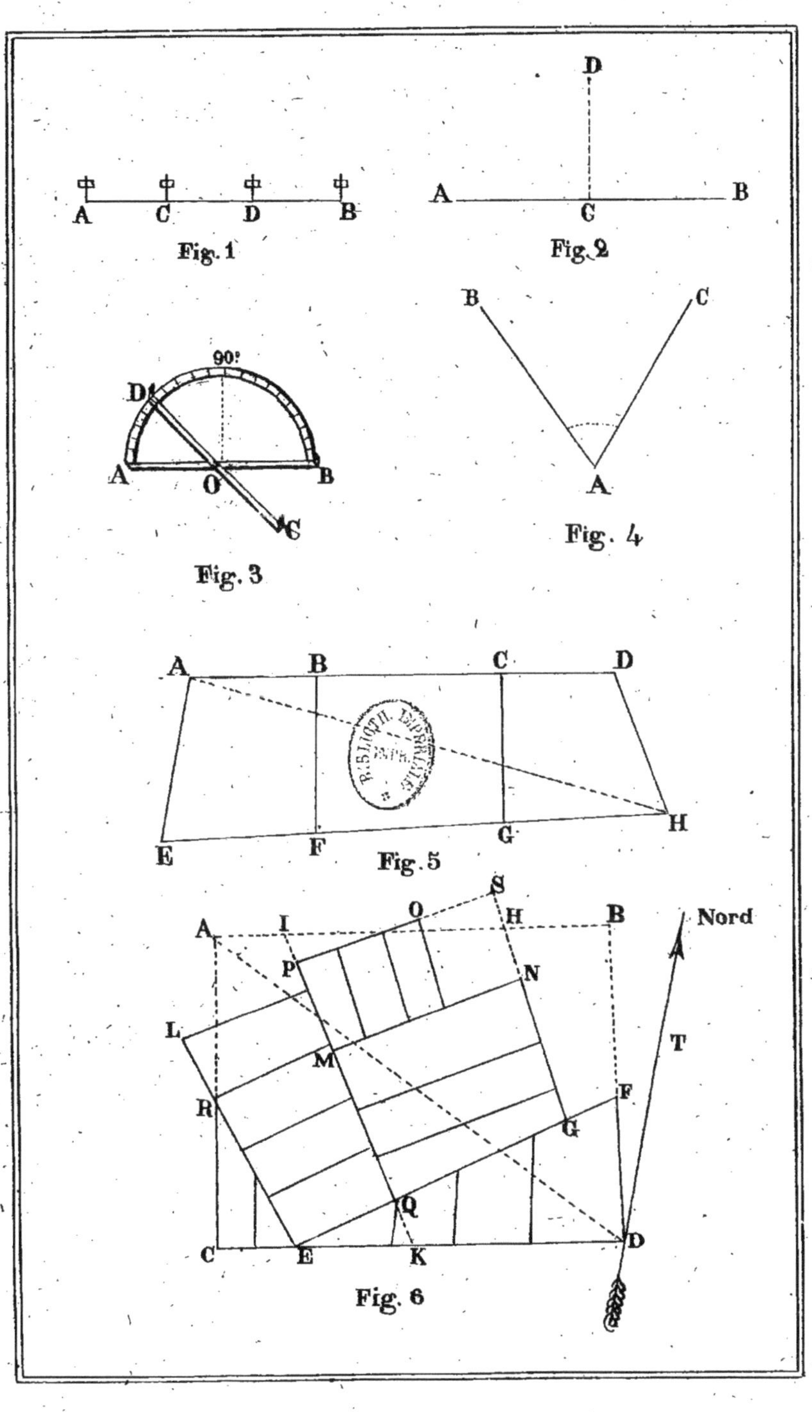

Fig. 1

Fig. 2

Fig. 3

Fig. 4

Fig. 5

Fig. 6

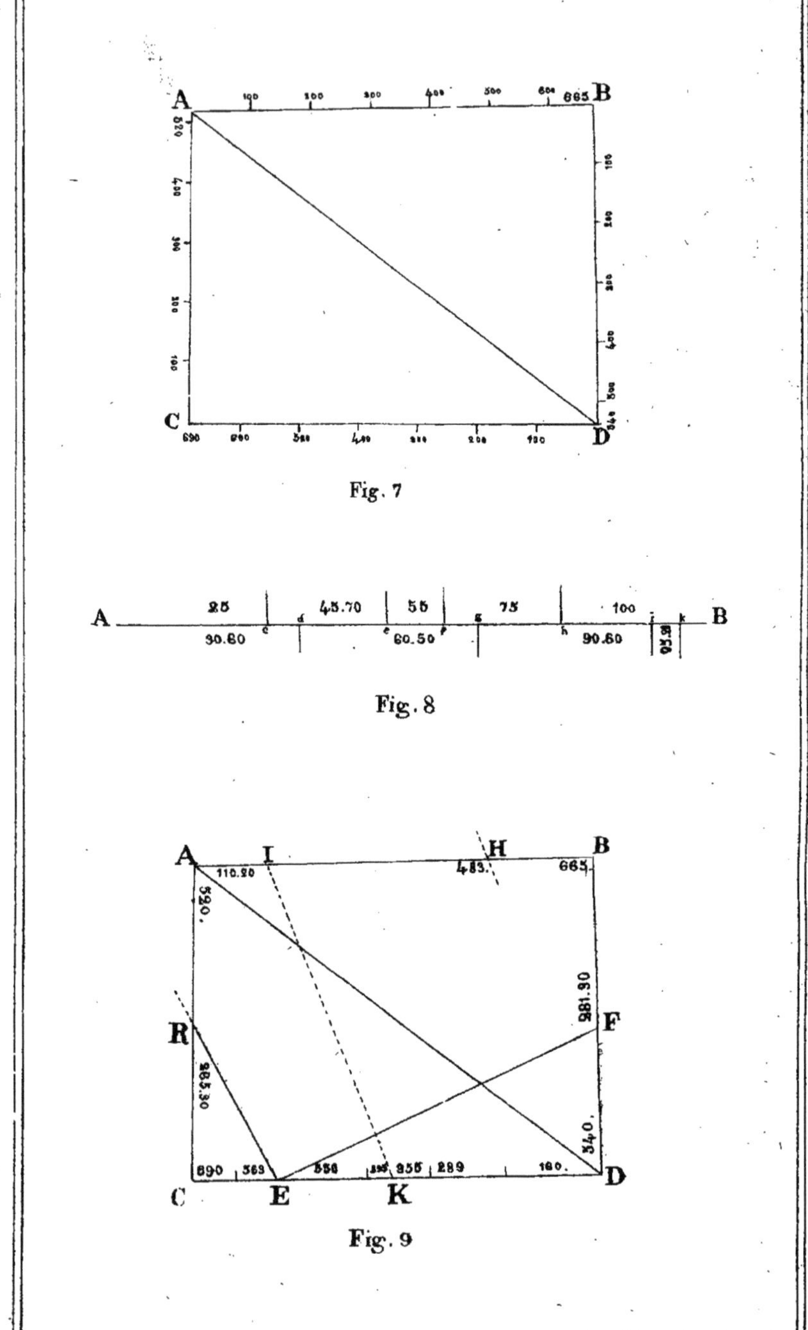

Fig. 7

Fig. 8

Fig. 9

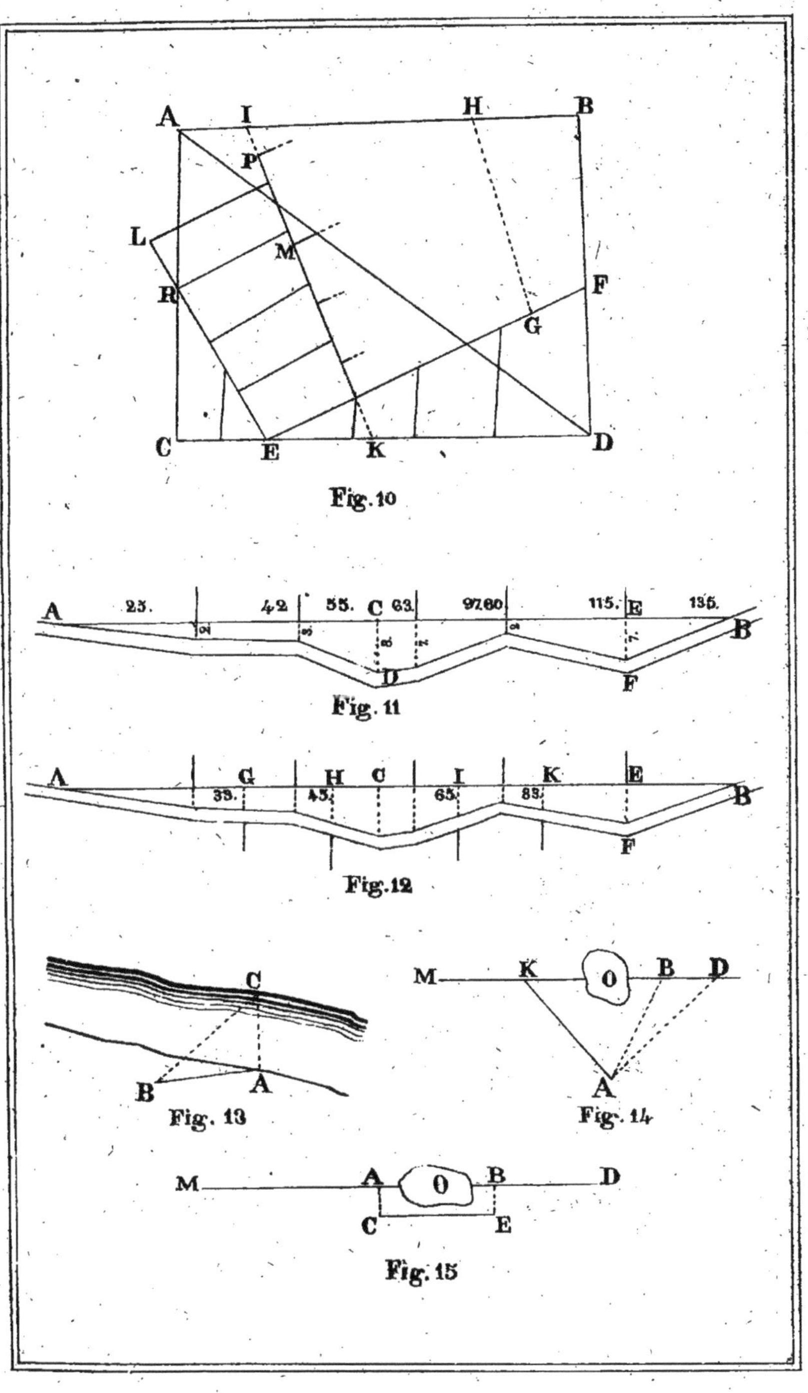

Fig. 10

Fig. 11

Fig. 12

Fig. 13

Fig. 14

Fig. 15

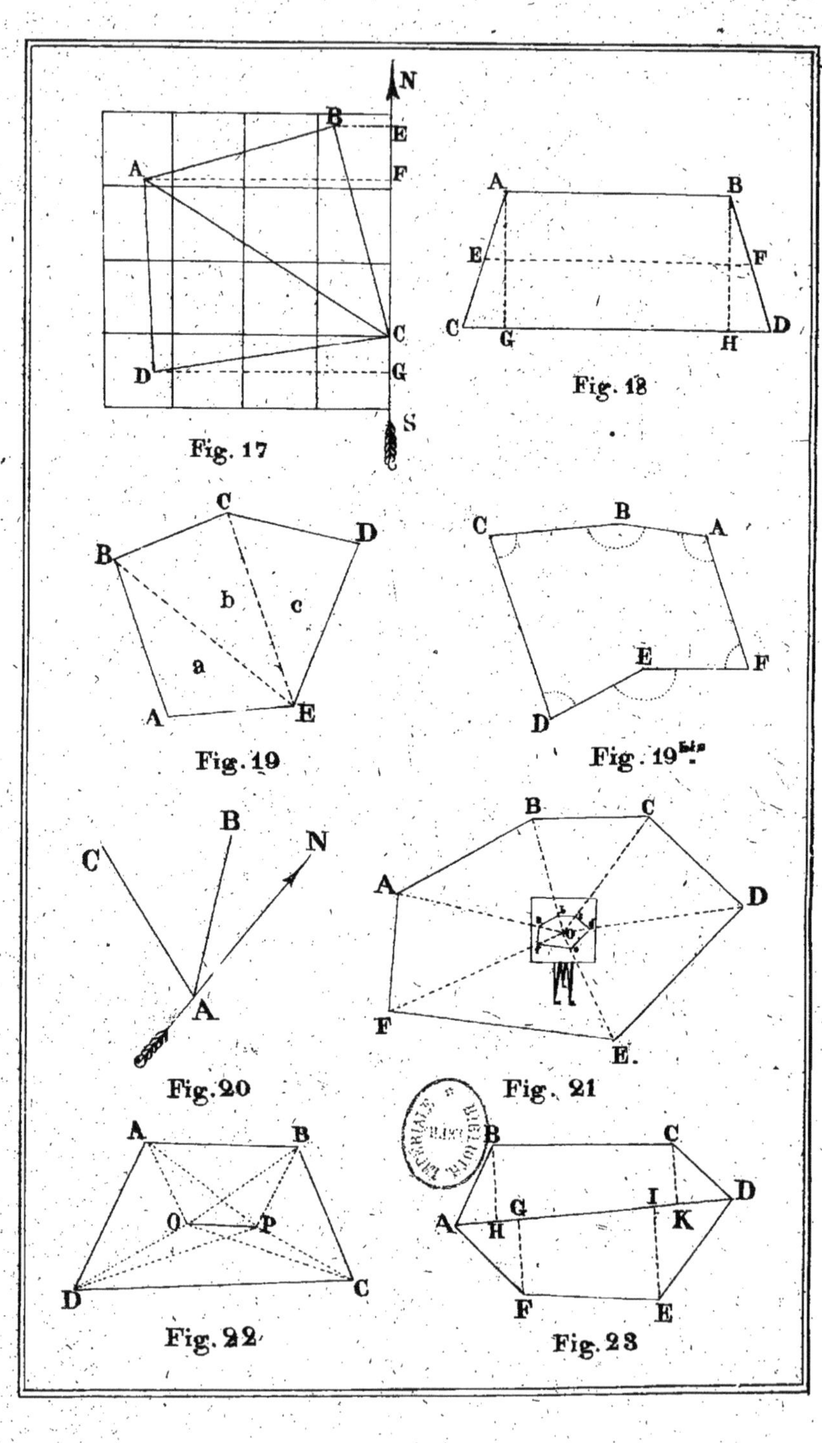

Fig. 17

Fig. 18

Fig. 19

Fig. 19 bis.

Fig. 20

Fig. 21

Fig. 22

Fig. 23

www.ingramcontent.com/pod-product-compliance
Ingram Content Group UK Ltd.
Pitfield, Milton Keynes, MK11 3LW, UK
UKHW021220230726
13926UKWH00003B/1132

9 782013 689465